Kleines Rezeptbuch der historischen Tinten

von

Nicolaus Equiamicus

Gesamtherstellung: Bohmeier Verlag, Printed in Germany

ISBN 978-3-89094-593-4

Inhaltsverzeichnis

Vorwort

Welcher Kalligraph oder Sammler von antiken Briefen und anderen Schriftstücken aus vergangenen Jahrhunderten liebt nicht die schönen scharfen Federzüge, die man mit den damals gebräuchlichen Schreibtinten erzeugte. Das nie verblassende Tiefschwarz der Eisengallus-Tinten oder die leuchtenden Farben der mittelalterlichen Inkunabeln haben zweifellos in Qualität und Optik den so genannten „modernen Tinten“ noch viel voraus.

Wenn man aber aus historischem oder künstlerischem Interesse einzelne Kalligraphien oder gar ganze Bücher herstellen möchte, stößt man bei der Beschaffung von historischen Tinten schnell auf gewisse Hindernisse: Es mangelt an Bezugsquellen und die wenigen erhältlichen Tinten sind zudem meist relativ teuer.

Bereitet man seine Tinten hingegen selbst zu, hat man stets die gewünschten Farben in beliebiger Menge zur Verfügung – und das zum reinen Materialpreis. Und der Spaß beim Experimentieren sowie die Freude über eine besonders gelungene Tinte sind unbezahlbar!

Das vorliegende Büchlein soll darum kein trockenes Werk über antike Schreibstoffe sein, sondern richtet sich an diejenigen, die sich ausschließlich und ohne viel Drumherum dafür interessieren, wie man Tinte selbst herstellen kann. Neben Eisengallus- und Farbtinten habe ich der Vollständigkeit halber auch einige Beispiele zur Herstellung von Siegellack, sowie andere für diese Arbeit nützliche Rezepturen aufgeführt.

Vorbereitung

Historische Tinten herzustellen, ist nicht so schwer, wie es zuerst den Anschein haben mag. Aber gemäß der Redewendung „Der Teufel liegt im Detail“ sind absolute Reinheit der Arbeitsgeräte und genaueste Befolgung der Mengenangaben entscheidend für das Gelingen oder Nichtgelingen der Tintenproduktion. An Materialien benötigt man nicht viel. Die Substanzen zur Tintenherstellung bekommt man recht einfach im Chemiefachhandel oder in jeder versierten Drogerie. Ansonsten braucht man nur noch:

- einige neue Töpfe (am besten emailliert, keine Aluminium- oder Gusseisentöpfe)
- Rührlöffel
- eine Feinwaage, z. B. eine Apothekerwaage
- einen Mörser aus Messing
- eine Reibschale (aus Porzellan oder Glas), die für einige Rezepte benötigt wird
- Baumwolltücher zum Durchseihen (z. B. Küchentücher)
- Aufbewahrungsbehältnisse (z. B. gut verschließbare Gläser)
- frisches reines Quell- oder Regenwasser (da dieses garantiert ohne chemische Zusätze ist)
- Geduld ...

Beachten muss man auch, dass man für eine Tintensorte immer den gleichen Topf, Rührlöffel usw. verwenden sollte, da sonst der Tintenversuch aufgrund unerwünscht auftretender oder unterbleibender chemischer Reaktionen misslingen könnte. Zur Tintenproduktion sollte man Arbeitskleidung anziehen, da die meisten Tinten sich nicht mehr aus dem Stoff entfernen lassen, wenn man sich einmal damit beschmutzt hat.

Achtung: Die vorgestellten Tinten lassen sich nicht in einem Füllfederhalter verschreiben! Hier ist die klassische und historisch korrekte „Tintenfass-Feder“-Methode angebracht. Es können sowohl Kalligraphiefedern (aus Stahl) als auch Vogelfederkiele benutzt werden. Desweiteren sollte man:

- Um die Tinten rein zu halten, für jede eine extra Feder benutzen.
- Die Schreibfeder nach jedem Gebrauch reinigen.
- Die fertigen Tinten vor jedem Gebrauch wegen der darin enthaltenen Pigmente und Schwebeteilchen schütteln.
- Bei kalt angerührten Tinten durch eine geringe Salzzugabe einer Schimmelbildung vorbeugen. Damit die fertigen Tinten nicht so schnell eintrocknen, kann man die Schalen von Haselnüssen in die Tinte legen.

Gefahrenhinweise

Alte Schreibstoffe enthalten fast ausnahmslos hochgiftige Substanzen, mit denen man entsprechend vorsichtig umgehen sollte. Daher folgen abschließend noch einige **Gefahrenhinweise**.

Da man beim Tintenzubereitungsprozess oft mit sehr giftigen und stark ätzenden Werkstoffen arbeitet, muss eindringlich darauf hingewiesen werden, dass eine Nichtbeachtung der Sicherheitshinweise oder schlampiger Umgang mit den zur Tintenproduktion benötigten Rohstoffen zu schweren körperlichen Schäden führen kann. Es ist daher erforderlich und notwendig, entsprechende Sicherheitsmaßnahmen zu treffen.

Man sollte generell jeden Hautkontakt mit den giftigen Chemikalien vermeiden und sie auch nicht einatmen oder verschlucken. Um Hände und Augen zu schützen, müssen bei der Tintenherstellung Schutzhandschuhe und Schutzbrille getragen werden. Sehr hochprozentige Säuren wie z. B. Schwefelsäure in starker Konzentration dampfen bereits beim Öffnen des Behältnisses. Es ist daher streng darauf zu achten, dass diese Dämpfe keinesfalls eingeatmet werden. Arbeitet man mit solchen starken Säuren, muss der Werkraum währenddessen gut belüftet sein. Zusätzlich sollte man eine Atemschutzmaske tragen. Zur Sicherheit muss ein Gefäß mit einer Seifen- oder Laugenlösung bereitstehen, um die Säure bei einer eventuell auftretenden Verätzung eines Körperteils sofort zu neutralisieren.
Die Verpackungen der einzelnen Chemikalien sowie die fertig befüllten Tintengefäße müssen gut verschlossen sein. Nach der Handhabung sind Geräte, Kleidung und natürlich auch die Hände gut zu waschen.

Ereignet sich trotz aller *Sicherheitsvorkehrungen* ein Unfall, *muss sofort ein Arzt konsultiert werden.*

Im Anhang befindet sich eine Liste aller im Buch verwendeten Inhaltsstoffe. Dort ist auch erwähnt, welche giftig sind. Im Zweifelsfall also immer zuerst dort nachsehen, bevor man mit der Arbeit beginnt.
Kinder sind von den Werkstoffen und den fertigen Tinten natürlich stets fernzuhalten.

Und nun wünsche ich viel Spaß bei der Tintenzubereitung.

Die Eisengallus-Tinten

Die wohl am häufigsten in alten Manuskripten und Codices verwendete Schreibflüssigkeit ist die seit ca. 2000 Jahren bekannte und bis zu Beginn des 20. Jahrhunderts auch gebräuchliche Eisengallus-Tinte. Diese erhielt ihren Namen durch ihre beiden Hauptkomponenten, den Galläpfeln und dem Eisenvitriol. Die Tinte sollte in der Flasche eine satte blauschwarze Farbe besitzen, fließt wässrig grau aus der Feder, geht auf dem Papier jedoch bald in ein schönes Tiefschwarz über. Dies geschieht durch Oxidation an der Luft, indem sich das gallussaure Eisenoxid von zweiwertigem zu dreiwertigem Eisen umwandelt.
Ein gewisser Nachteil dieser Tinten ist der sogenannte „Tintenfraß“, der durch den hohen Säuregehalt der Tinten, besonders aber durch das Eisenvitriol, hervorgerufen wird. Diese Tinten greifen auch im getrockneten Zustand den Beschreibungsstoff an, gleichgültig, ob es sich dabei um Papier oder Pergament handelt. An vielen mittelalterlichen Handschriften erkennt man dies sehr gut daran, dass sich dort, wo sich die Schrift befinden sollte, haarscharf ausgerissene Zeilen sehen lassen, die zwar noch die geschrieben Wörter erkennen lassen, nur leider nicht mehr in einem pechschwarzen Bild, sondern in Form von Löchern, die der ehemaligen Zeile folgen.
Doch keine Sorge: Bis sich Ihre Kalligraphie oder Ihr Brief in einem solchen Zustand befinden, braucht es Jahrhunderte!
Es sind eine Vielzahl von Rezepten überliefert, die allerdings längst nicht alle auch brauchbare Resultate ergeben. Daher erwähne ich hier nur diejenigen, mit denen ich die besten Ergebnisse erzielt habe. Diese sind auch alle licht- und wasserecht, das heißt, sie verblassen und verwischen nicht.

Eisengallus-Tinte, 15. Jahrhundert

Zutaten:
Gummi Arabicum – 45 g
Eisenvitriol – 35 g
Galläpfel – 35 g
Wein oder Quellwasser (bevorzugt Quellwasser) – 750 g

Zubereitung:
Galläpfel im Mörser fein zerreiben, ebenso das Arabische Gummi.
Alle Zutaten zusammen in einen Topf geben.
Unter ständigem Rühren aufkochen.
Vom Herd nehmen.
Einige Zeit (ca. 5 Minuten) weiterrühren.

Feste Bestandteile absetzen und Flüssigkeit abkühlen lassen. Zweimal durch ein feines Tuch seihen. Fertig!

Kommentar: Diese Tinte benötigt durch den relativ hohen Anteil an arabischem Gummi beim Verschreiben eine etwas längere Trockenzeit und erscheint danach auf dem Papier in einem tiefschwarzen, glänzenden Ton.

Einfache Eisengallus-Tinte

Zutaten:
Galläpfel – 120 g
Eisenvitriol – 70 g
Arabisches Gummi – 6 g
Quellwasser – 3000 g

Zubereitung: Galläpfel fein zerstoßen.
Quellwasser und Galläpfel kochen, bis nur noch 1500 g Flüssigkeit übrig sind.
Vom Feuer nehmen und kalt werden lassen.
Eisenvitriol hinzufügen und rühren, bis die Flüssigkeit tiefschwarz wird.
Arabisches Gummi zerstoßen und unter Rühren in der Flüssigkeit auflösen lassen.
Zweimal durch ein feines Tuch seihen. Fertig!

Kommentar: Diese Tinte trocknet schnell und hat ein sattes schwarzes Erscheinungsbild.

Eisengallus-Tinte mit Weinessig

Zutaten:
Weinessig – 250 g
Quellwasser – 750 g
Eisenvitriol – 33,3 g
Galläpfel – 75 g
Arabisches Gummi – 33,3 g
Blauholz – 33,3 g
Alaun – 4,5 g
Ätzkali – 2,5 g

Zubereitung: Galläpfel und arabisches Gummi fein zerstoßen.
Beides zusammen mit dem Weinessig und dem Eisenvitriol in einen Topf geben.
Blauholz, Alaun und Quellwasser in einen zweiten Topf geben und zum Kochen bringen.
Die Flüssigkeit nun kochend zu der Weinessiglösung geben.

Einige Minuten kräftig rühren.
Ätzkali hinzugeben und weiterrühren.
Zweimal durch ein feines Tuch seihen.
Die Tinte vor Gebrauch sechs Monate in einem gut verschlossenen Gefäß an einem warmen Ort reifen lassen.

Kommentar: Diese Tinte ist in ihrer Herstellung und durch die lange Reifezeit am aufwändigsten. Der Einsatz jedoch lohnt sich: Man erhält eine matte, braun-schwarz trocknende Flüssigkeit, die die hochwertigste der hier aufgeführten Eisengallus-Tinten ist.

Eisengallus-Tinte mit Essig, kalt angerührt

Zutaten:
Essig – 400 g
Essig – 300 g
Eisenvitriol – 100 g
Tannin – 100 g

Zubereitung:
Eisenvitriol in 400 g Essig lösen.
Tannin in 300 g Essig lösen.
1 Teil der Vitriol-Essig-Lösung mit 1 Teil der Tannin-Essig-Lösung vermischen (Mischungsverhältnis 1:1)
Zweimal durch ein feines Tuch seihen. Fertig!

Kommentar: Man erhält eine sehr einfach herzustellende Tinte von guter Qualität. Allerdings neigen kalt angesetzte Tinten oft zu Schimmelbildung. Dies ist aber nicht weiter schlimm, da die Tinte deshalb nicht verdirbt. Es genügt, den Pilz zu entfernen.

Französische Schreibtinte

Zutaten:
Galläpfel – 85 g
Blauholz – 42 g
Arabisches Gummi – 31,25 g
Eisenvitriol – 42 g
Kupfervitriol – 5,2 g
Zucker – 5,2 g
Quellwasser – 3100 g

Zubereitung:
Galläpfel zerstoßen und mit Blauholz und Wasser auf die Hälfte einkochen.
Filtrieren und die restlichen Zutaten unterrühren.
Nochmals filtern. Fertig!

Alizarin-Tinten

Eine im 19. Jahrhundert aufgekommene Abart der Eisengallus-Tinte ist die so genannte Alizarin-Tinte. Sie hat ihren Namen von dem in ihr enthaltenen geringen Anteil an Alizarin, ein roter Farbstoff, der in der Krapp-Pflanze vorkommt. Der Großteil der im 19. Jahrhundert als Alizarin-Tinte bezeichneten Schreibflüssigkeiten enthielt oft nicht einmal die Spur von Krapp, sondern ist wohl nur nach ihren Schreibeigenschaften so benannt worden: Diese Tinten fließen nämlich je nach Zusammensetzung violett-grau, gelb oder rötlich aus der Feder, ändern auf dem Papier jedoch bald ihre Farbe und gehen in einen schwarzen Farbton über, der seine ganze Schönheit erst nach einigen Stunden voll entfaltet. Sie sind lichtecht und wasserfest.

Alizarin-Tinte 1

Zutaten: Galläpfel – 135 g
Eisenvitriol – 50 g
Oxalsäure (giftig bei Hautkontakt!) – 2,1 g
Indigolösung – 70 bis 80 g
Quellwasser – 750 g

Zubereitung: Galläpfel fein zerstoßen.
Diese nun, mit dem Quellwasser vermischt, 48 Stunden in einem verschlossenen Gefäß ziehen lassen.
Nach dieser Zeit durch ein feines Tuch seihen.
Eisenvitriol dazu geben und gut verrühren.
Oxalsäure dazu geben und gut verrühren.
Danach die Indigolösung hinzufügen, kräftig rühren, bis die Tinte eine satte blaugrüne Farbe annimmt. Fertig!

Kommentar: Das Ergebnis ist eine schöne und sehr gut verschreibbare Tinte.

Alizarin-Tinte 2

Zutaten: Galläpfel – 420 g
Krapp – 30 g
Eisenvitriol – 52 g
Indigolösung – 12 g
Holzessig – 20 g
Quellwasser – 1300 g

Zubereitung: Galläpfel und Krapp fein zerstoßen und, mit dem Quellwasser vermischt, 48 Stunden ziehen lassen.
Die Lösung durch ein feines Tuch seihen.
In die filtrierte Lösung gibt man unter ständigem Rühren Eisenvitriol und danach die Indigolösung.
Danach unter Rühren den Holzessig dazu geben. Fertig!

Kommentar: Das Resultat ist eine hervorragende echte Alizarin-Tinte.

Schellack-Tinten

Schellack- oder Lackharztinte Tinte wurde besonders während des 19. Jahrhunderts beliebt. Man schätzte die Farbechtheit und den matten Glanz der auf Papier getrockneten Tinte. Ihr Nachteil bestand damals vor allem in den hohen Produktionskosten. Schellack war ein kostbares Importgut, das von Asien aus per Schiff nach Europa gelangte.

Gewonnen wurde das dunkle bis honigfarbene Harz durch das gezielte Ansetzen der Lackschildlaus an verschiedene Baumarten. Das Weibchen der Lackschildlaus verletzt die Rinde der Bäume, worauf ein Saft herausfließt, der die Brut der Laus aufnimmt. Die verletzten Äste des Baumes sterben daraufhin ab. Ist die Brut geschlüpft, bricht man die Zweige mit dem Harzkörper ab. Diese werden dann durch Erhitzen vom Holz getrennt. Durch sanftes Kochen in einer nicht zu starken Sodalösung werden Verunreinigungen, die die Brut der Lackschildlaus hinterlassen hat, beseitigt. Die Masse lässt man auskühlen. Später wird sie ein weiteres Mal erhitzt, so dass sie sich verflüssigt. Das flüssige Harz wird nun langsam aus dem Kochkessel auf bereitliegende Baumblätter ausgegossen, wo es beim Aushärtungsprozess seine typische Plättchenform erhält.

Schellack-Tinte

Zutaten: Borax – 30 g
Schellack – 60 g
Gummisirup – 30 g
Indigo – ca. 10 bis 20 g (s. u.)
Quellwasser – 540 g

Zubereitung: Borax mit Quellwasser aufkochen.
Schellack hinzu geben. Nachdem sich alles aufgelöst hat, erkalten lassen und filtern.
Gummisirup und fein geriebenen Indigo zusetzen und gut verrühren.
Nochmals filtern. Fertig!

Kommentar: Die Menge des Indigo richtet sich nach der gewünschten Farbintensität.

Stahlfeder-Tinte

Diese Tinte war im 19. Jahrhundert vor allem deshalb sehr verbreitet, weil sie die damals neuen Stahlfedern (im Malereibedarf zu erhalten) im Gegensatz zu den säurehaltigen Tinten nicht angriff.

Zutaten: Blauholz – 25 g
Ätzkali – 0,5 g
Quellwasser – 550 g

Zubereitung: Das Blauholz wird im Wasser aufgekocht.
Sobald das Wasser sprudelt, fügt man das Ätzkali bei. Vorsicht, es kann spritzen, Schutzhandschuhe nicht vergessen!
Durchseihen. Fertig!

Kommentar: Diese Tinte ist sehr günstig in der Herstellung und hat getrocknet eine rötlich-graue Farbe.

Farbtinten

Es ist wohl die intensive, nie verblassende Farbenpracht der mittelalterlichen Handschriften, die diese heute für uns so besonders macht. Man kann sich kaum vorstellen, wie ein Buch, das bereits 1000 Jahre alt ist, immer noch so aussehen kann, als hätte es der Künstler erst gestern fertiggestellt.
Die Rezepte der Farben wurden in Klöstern gehütet und eifrige Mönche verbrachten Jahr um Jahr in ihren Schreibstuben, um in mühseliger Handarbeit Kopien von Büchern herzustellen, die je nach Geldbeutel des Auftraggebers mehr oder weniger aufwändig gestaltet wurden. Erst die Erfindung des Buchdrucks im 15. Jahrhundert brachte das Monopol der mittelalterlichen Schreibermönche nach und nach zu Fall, doch noch bis ins 18. (und vereinzelt auch noch im 19.) Jahrhundert wurden von reichen Auftraggebern gedruckte Bücher zur Illuminierung in Künstlerwerkstätten gebracht. Die farbenfrohen handkolorierten Holzschnitte, Kupfer-, und Stahlstiche aus vielen illustrierten Büchern dieser Zeit legen ein lebendiges Zeugnis davon ab.
Farbtinten und Tuschen herzustellen, ist eine ganz besondere Aufgabe. Sie sind recht empfindlich und der Erfolgt hängt oft von verschiedenen Faktoren ab. Das sind, um nur einige zu nennen: die Qualität des farbgebenden Materials, die Zusammensetzung der Lösungsflüssigkeit, die Stärke der verwendeten Säure.
Die aufgeführten Farben geben lediglich einen kleinen Einblick in die Vielzahl der überlieferten Rezepte. Experimentierfreudigkeit und Geduld sind hier besonders gefragt.

Rote Tinte 1

Zutaten: Geraspeltes Brasilholz – 125 g
Arabisches Gummi – 8 g
Zinnsalz – 4 g
Quellwasser – 1500 g

Zubereitung: Brasilholz und Quellwasser auf die Hälfte der Flüssigkeit einkochen.
Die Flüssigkeit durch ein feines Tuch seihen.
In diesem Auszug löst man nun unter ständigem Rühren das Zinnsalz und das Arabische Gummi auf. Fertig!

Kommentar: Nach Fertigstellung erscheint die Tinte in einem schönen Blaurot, das sich am besten mit der Farbe von Brombeersaft vergleichen lässt.

Rote Tinte 2

Zutaten: Geraspeltes Brasilholz – 120 g
Essig – 500 g
Quellwasser – 500 g
Alaun – 30 g
Arabisches Gummi – 30 g
Zinnsalz – 3,75 g

Zubereitung: Brasilholz mit Essig und Quellwasser zusammen auf ca. 700 g Flüssigkeit einkochen.
Unter Rühren den Alaun dazu geben.
Das Gemisch auf 500 g Flüssigkeit einkochen.
Durch ein feines Tuch seihen.
Unter Rühren das Arabische Gummi hinzufügen.
Nachdem die Flüssigkeit erkaltet ist, gibt man unter Rühren das Zinnsalz dazu. Fertig!

Kommentar: Das Ergebnis ist eine qualitativ sehr hochwertige Tinte von ausgesprochen schöner roter Farbe.

Rote Tinte 3

Zutaten: Zinnober – 5,6 g
Arabisches Gummi – 3,75 g
Quellwasser – 30 g

Zubereitung: Zinnober mit etwas Wasser in einer Reibschale zu einem feinen Brei zerreiben.
Unter Rühren das Arabische Gummi und das Quellwasser dazu geben. Fertig!

Kommentar: Man erhält dadurch eine Tinte, wie sie schon im frühen Mittelalter in Gebrauch war.

Rote Tinte 4

Zutaten: Karmin – 1,5 g
Ammoniak – 180 g
Arabisches Gummi – 2,25 g
Quellwasser – 150 bis 180 g (s. u.)

Zubereitung: Das fein zerriebene Karmin wird im Ammoniak gelöst und 24 Stunden lang ruhig stehen gelassen.
Dann wird die Mischung fünf Minuten lang leicht erwärmt.
Unter Rühren das Arabische Gummi hinzu geben.
Das Wasser dazu gießen. Die Menge richtet sich nach der Qualität des Karmins sowie des gewünschten Farbtons. Zu bevorzugen ist aber immer die geringstmögliche Wassermenge. Fertig!

Kommentar: Das Ergebnis ist eine sehr schöne glänzend rote Tinte.

Rote Farbe

Zutaten: Alter dunkler Zinnober – 1 Teil
Mennige – 1 bis 2 Teile
Ein Eiweiß von einem bereits verdorbenen, schon „klappernden“ Hühnerei.

Zubereitung: Zinnober und Mennige miteinander verreiben.
Darauf achten, dass das Pulvergemisch trocken ist.
Die Mischung mit dem Eiweiß verrühren, bis die gewünschte Konsistenz erreicht ist.
Drei bis vier Tage stehen lassen. Fertig!

Blaue Tinte 1

Zutaten: Berliner Blau – 22 g
Oxalsäure (giftig – Hautkontakt vermeiden!) – 8 g
Arabisches Gummi – 8 g
Destilliertes Wasser – 240 g

Zubereitung: Das Arabische Gummi im Wasser lösen.
Unter Rühren das Berliner Blau dazu geben.
Unter Rühren die Oxalsäure hinzufügen.
Stetig weiterrühren. Fertig!

Kommentar: Das Resultat ist eine kräftig blaue Tinte, der moderne Varianten nicht das Wasser reichen können.

Blaue Tinte 2

Zutaten: Geraspeltes Blauholz – 187,5 g
Alaun – 15 g
Zucker – 7,5 g
Arabisches Gummi – 13 g
Regenwasser – 3000 g

Zubereitung: Alle Zutaten zusammen in einem Topf eine Stunde lang kochen lassen.
Den Sud drei Tage lang stehen lassen.
Durch ein feines Tuch seihen. Fertig!

Kommentar: Man erhält dadurch preisgünstig eine gute blaue Tinte.

Blaue Tinte 3

Zutaten: Azurit – 5 g
1 Eiweiß von einem nicht ganz frischen Ei
Honig – 3 bis 4 Tropfen

Zubereitung: Azurit in der Reibschale zerreiben und mit etwas Eiweiß vermengen bis das Ganze einen Brei ergibt.
Honig einrühren.
Weiteres Eiweiß hinzufügen, bis die Farbe flüssig genug zum Schreiben ist. Fertig!

Kommentar: Eine hervorragende Tusche für Buchmalerei!

Blaue Farbe 1

Zutaten: Maulbeeren – 500 g
Alaun – ca. 50 g

Zubereitung: Maulbeeren mit Alaun im Topf verkochen.
Danach durch ein feines Tuch seihen. Fertig!

Blaue Farbe 2

Zutaten: Holunderbeer- oder Attichbeersaft – 50 ml
Alaun – ca. 5 g

Zubereitung: Holunderbeer-/Attichbeersaft mit dem Alaun verrühren.
Fertig!

Blaue Farbe 3

Zutaten: Heidelbeeren – 200 g
Metwurz (Mädesüß) – ca. 10 g

Zubereitung: Heidelbeeren und Metwurz eine Zeitlang in einem Topf sieden.
Danach durch ein feines Tuch seihen. Fertig!

Grüne Tinte 1

Zutaten: Indigokarmin – 30 g
Arabisches Gummi – 3,65 g
Pikrinsäure (Vorsicht: extrem schlagempfindlich!)– 5,5 g
Quellwasser – 525 g und 175 g

Zubereitung: Das Indigokarmin und das Arabische Gummi werden in 525 g warmen Quellwasser gelöst.
Die Pikrinsäure wird in 175 g Quellwasser heiß aufgelöst.
Beide Lösungen werden warm vermischt.
In ein verschließbares Gefäß füllen und 24 Stunden stehen lassen. Fertig!

Kommentar: Das Ergebnis ist eine wunderschöne tannengrüne Tinte.

Grüne Tinte 2

Zutaten: Grünspan – 80 g
Weinstein – 40 g
Quellwasser – 320 g

Zubereitung: Grünspan und Weinstein fein zerreiben.
Beides zusammen mit dem Wasser kochen, bis das Gemisch eine sattgrüne Farbe annimmt.
Durch ein feines Tuch seihen. Fertig!

Kommentar: Eine sehr einfach herzustellende Tinte mit guten Schreibeigenschaften.

Grüne Tinte 3

Zutaten: Malachit – ca. 5 bis 10 g
Essig

Zubereitung: Den Malachit vor dem Reiben gut säubern.
Ca. zwölf Stunden in einem möglichst kleinen Gefäß mit Essig bedecken. Die Säure greift den Stein an und macht ihn porös.
Den Malachit fein zerreiben und mit dem Essig vermengen. Fertig!

Kommentar: Eine Mengenangabe gestaltet sich bei diesem Rezept schwierig, da diese sehr von der Qualität des verwendeten Malachits abhängig ist. Hier ist also Experimentieren angesagt.

Grüne Farbe 1

Zutaten: Grünspan
Wein
Honig

Zubereitung: Grünspan mit Wein fein zerreiben, bis eine sämig fließende Konsistenz erreicht ist.
Einige Tropfen Honig hinzufügen. Fertig!

Grüne Farbe 2

Zutaten: Kupferblech
Essig

Zubereitung: Kupferblech in einem verschließbaren Gefäß mit Essig bedecken.
Verschließen und sechs Monate an einen warmen Ort stellen.
Das Kupferblech herausnehmen und trocknen lassen.
Das daran befindliche grüne Oxid abkratzen (dies ist der Farbstoff!).
Zum Benutzen das gepulverte Oxid mit Gummiwasser (siehe hierzu Kapitel „Fixiermittel & Sonstiges“) bis zur gewünschten Konsistenz verrühren. Fertig!

Gelbe Tinte 1

Zutaten: Gelbbeeren – 140 g
Alaun – 14 g
Arabisches Gummi – 18 g
Quellwasser – 500 g

Zubereitung: Gelbbeeren zerstampfen.
Diese eine Stunde lang im Quellwasser kochen.
Alaun unterrühren.
Eine weitere Stunde kochen.
Durch ein feines Tuch seihen.
Unter Rühren das Arabische Gummi dazu geben. Fertig!

Kommentar: Es ist darauf zu achten, dass man im Topf mit geschlossenem Deckel bei mäßiger Hitze kocht, da der Flüssigkeitsverlust sonst zu groß wäre.

Gelbe Tinte 2

Zutaten: Bleigelb
Arabisches Gummi – ca. 0,2 – 0,4 g
Quellwasser

Zubereitung: Das Bleigelb mit dem Quellwasser und etwas arabischem Gummi verreiben. Ersatzweise kann auch Gummiwasser dazu benutzt werden. Fertig!

Kommentar: Auch bei diesem Rezept gestaltet sich die Mengenangabe schwierig, eine sämig fließende Konsistenz der angeriebenen Masse eignet sich jedoch am besten.

Braune Tinte

Zutaten: Katechu –15 g
Ätzkali – 3,73 g
Quellwasser – 240 g und 45 g

Zubereitung: Das Ätzkali wird in 45 g Quellwasser kalt gelöst.
Catechou fein zerreiben.
Das Catechou-Pulver mit 240 g Quellwasser erwärmen.
Beide Flüssigkeiten zusammengießen und gut verrühren.
Durch ein feines Tuch seihen. Fertig!

Kommentar: Das Ergebnis ist eine sehr schöne, leicht zu verschreibende Tinte von kräftiger kastanienbrauner Farbe.

Purpurne Tinte 1

Zutaten: Geraspeltes Blauholz – 42 g
Grünspan – 3,5 g
Alaun – 48 g
Arabisches Gummi – 9 g
Quellwasser – 420 g

Zubereitung: Grünspan in ein sauberes Gefäß geben.
Das Blauholz mit dem Quellwasser aufkochen.
Durch ein feines Tuch seihen.
Blauholz-Wasser zum Grünspan gießen.
Sofort unter Rühren den Alaun hinzugeben.
Arabisches Gummi unter stetem Rühren addieren. Fertig!

Kommentar: Man erhält eine exzellent deckende Farbe.

Purpurne Tinte 2

Zutaten: Reife Heidelbeeren – ca. 600 g
Essig – ca. 150 g
Alaun – 20 g

Zubereitung: Heidelbeeren zerstampfen.
Den gewonnenen Saft durch ein Tuch pressen.
Den Saft aufkochen.
Vom Herd nehmen, Essig hinzufügen und erneut aufkochen lassen.
Unter Rühren den Alaun dazugeben. Fertig!

Kommentar: Wieder ein Rezept, bei dem etwas Experimentierfreude gefragt ist. Die Mühe wird jedoch mit einem sehr schönen Tintenergebnis belohnt.

Purpurne Farbe

Zutaten: Heidelbeeren – 716 g
Alaun – 22,36 g
Kupferasche – 11,18 g
Quellwasser – 540 g

Zubereitung: Alle Zutaten in einen Topf geben.
Auf die halbe Menge einkochen.
Kalt werden lassen.
Durch ein feines Tuch seihen.

Stehen lassen, bis sich noch vorhandene Schwebeteilchen gesetzt haben.
Nochmals durchseihen.
Stehen lassen, bis die gewünschte Konsistenz erreicht ist. Es kann etwas dauern (mitunter sogar Tage). Fertig!

Rosa Farbe 1

Zutaten: Mennige – 10 g
Bleiweiß – 5 g
Gummiwasser

Zubereitung: Mennige und Bleiweiß zusammen verreiben.
Gummiwasser hinzufügen bis eine sämig fließende Konsistenz erreicht ist. Fertig!

Rosa Farbe 2

Zutaten: Auri-Pigment – 5 g
Mennige – 5 g
Gummiwasser

Zubereitung: Auri-Pigment und Mennige zusammen verreiben.
Gummiwasser hinzufügen, bis die gewünschte Konsistenz erreicht ist. Fertig!

Weiße Farbe

Zutaten: Ungelöschter Kalk – 1 Teil
Eierschalenkalk – 1 Teil
Ziegenmilch

Zubereitung: Den ungelöschten Kalk zusammen mit dem Eierschalenkalk zerreiben.
Mit Ziegenmilch verflüssigen, bis eine sämig fließende Konsistenz erreicht ist. Fertig!

Echte Gold- und Silbertinte

Zutaten: Rund 3 Blätter Blattgold bzw. Blattsilber
Gummiwasser

Zubereitung: Das Blattgold bzw. -silber wird in einer Reibschale mit etwas Gummiwasser beträufelt und intensiv verrieben, bis man einen feinen Brei erhält.
Dann setzt man noch soviel Gummiwasser hinzu, bis das Ganze eine dickflüssige Masse ergibt. Fertig!

Kommentar: Die Herstellung dieser Tinten erfordert auf jeden Fall Geduld und Ausdauer, da sich das Blattgold bzw. -silber relativ schwer in die gewünschte Konsistenz bringen lässt. Die Mühe wird jedoch mit einer unvergleichlich schönen Schreibflüssigkeit belohnt!

Echte Goldfarbe

Zutaten: Honig – ca. ½ gestrichener Teelöffel
Salz – ca. ½ gestrichener Teelöffel
Blattgold – 1 bis 2 Blätter
Eiweiß – ein paar Tropfen
Gummiwasser

Zubereitung: Honig und Salz zusammen zerreiben.
Blattgold mit Eiweiß dazugeben und fein zerreiben, bis alles ein feiner Brei wird.
Gummiwasser zugeben, bis die gewünschte Konsistenz erreicht ist.

Tipp: Das Eiweiß aufschlagen. Die Flüssigkeit, die sich unter dem Schaum bildet, zum Malen verwenden, da aus ihr alle schleimigen Komponenten gelöst sind.

Kommentar: Nach dem Trocknen kann man die Schrift mit einem geschliffenen Achat polieren.

Goldfarbe

Zutaten: Zinn – 20 g
Quecksilber – 20 g
Wismut – 20 g
Gummiwasser

Zubereitung: Das Zinn schmelzen.
Zerriebenen Wismut und Quecksilber hinzufügen.
Gut verrühren und warten, bis es kalt wird.
Fein zerstoßen und zerreiben.
Gummiwasser hinzufügen, bis die gewünschte Konsistenz erreicht ist. Fertig!

Kommentar: Die Schrift kann man nach dem Trocknen polieren, am besten mit einem geschliffenen Achat.

Silberfarbe

Zutaten: Quecksilber – 60 g
Essig – ca. 30 g
Ungelöschter Kalk - ca. 30 g

Zubereitung: Alles in ein Gefäß geben und solange erhitzen bis alle Komponenten miteinander verschmolzen sind. Fertig!

Kommentar: Die Farbe wird golden, wenn man etwas Safran hinzufügt.

Sonstige Tinten

Tintenpulver für unterwegs

Diese Tinte wurde in früheren Zeiten oft in Pulver- oder Tablettenform auf Reisen mitgeführt. Sie ist sehr einfach herzustellen und praktisch in der Handhabung.

Zutaten: Galläpfel –21 g
Eisenvitriol – 15 g
Arabisches Gummi – 7,5 g
Alaun – 3 g

Zubereitung: Die Galläpfel werden zusammen mit dem Alaun zu einem feinen Pulver zerstoßen.
Das Eisenvitriol sehr fein reiben.
Arabisches Gummi ebenfalls zu Pulver zerstoßen.
Alle Zutaten gründlich vermengen. Fertig!

Kommentar: Um aus dem Pulver verschreibbare Tinte zu erhalten, setzt man etwas davon einer geringen Menge Wasser zu, bis dieses eine schöne schwarze Färbung bekommt.

Tintenpulver 2

Zutaten: Arabisches Gummi – 12 g
Galläpfel – 20 g
Eisenvitriol – 12 g
Blauholz – 4 g
Bier

Zubereitung: Alle Zutaten zerstoßen und die Pulver vermengen.
Zur Herstellung der gebrauchsfähigen Tinte etwas von dem Pulver in Bier auflösen, bis die gewünschte Konsistenz erreicht ist. Fertig!

Unzerstörbare Tinte 1

Diese Art Tinte ist nicht mehr auszulöschen. Sie ist generell licht- und wasserecht. Auch sollte man selbstverständlich bei der Herstellung derselben darauf achten, dass sie nicht mit Haut und Kleidern in Berührung kommt, da sie aus letzteren nicht mehr zu entfernen ist und bei Berührung mit der ersteren zu starken Verätzungen führen kann.

Zutaten:
Indigo
Schwefelsäure (Konzentriert) – 20 g
Honig – 10 g
Quellwasser – 140 g
Salmiakgeist

Zubereitung: Die Schwefelsäure mit dem Wasser vermischen. Vorsicht! Schwefelsäure ist stark ätzend!
Den Honig unterrühren.
Indigo in etwas Schwefelsäure auflösen, bis man eine gut gefärbte Flüssigkeit erhält.
Die beiden Gemische miteinander verrühren und die Tinte ist fertig!
Nach dem Schreiben wird das Papier über einen geheizten Zimmerofen gehalten und erwärmt*, bis das Geschriebene tiefschwarz ist.
Zum Abschluss das Papier mit Salmiakgeist benetzen.

Unzerstörbare Tinte 2

Zutaten:
Schellack – 100 g
Pottasche – 100 g
Borax – 100 g
Indigokarmin – 10 g
Tusche (japanische oder chinesische) oder Lampenschwarz
Regenwasser – 1000 g

Zubereitung: Schellack, Pottasche, Borax und Regenwasser zusammen aufkochen.
Tusche fein zerreiben.
Dann fügt man unter stetem Rühren das Indigokarmin und die Tusche hinzu. Fertig!

* Wer über einen solchen nicht verfügt, kann das Papier bei 50° auch in den Backofen legen oder eine entsprechende Wärmequelle verwenden, um die Tinte auf dem Papier zu trocknen.

Kommentar: Als Ersatz für die Tusche kann auch Lampenschwarz verwendet werden.

Ätztinte für Metall

Zutaten: Kupfer – 10 g
Konzentrierte Salpetersäure – 100 g
Destilliertes Wasser – 100 g

Zubereitung: Kupfer in der Salpetersäure auflösen lassen.
Wasser unterrühren. Fertig!

Kommentar: Die Tinte hinterlässt eine gut lesbare (geätzte) Schrift auf fast allen Metallen, außer auf Gold.

Ätztinte für Eisen und Stahl

Zutaten: Grünspan – 20 g
Salz – 10 g
Essig

Zubereitung: Grünspan und Salz fein zerreiben.
Essig zufügen, bis die gewünschte Konsistenz erreicht ist.
Fertig!

Kommentar: Diese Ätztinte ist in ihrer Eigenschaft nicht ganz so aggressiv wie die erstere. Man kann sie besonders gut für Eisen oder Stahl benutzen, da die unedle Konsistenz des Metalles durch diese Ätzflüssigkeit nicht so stark angegriffen wird.

Geheimtinte

Zutaten: Schwefelsäure (Konzentriert) – 1 g
Destilliertes Wasser – 47 g

Zubereitung: Schwefelsäure (Vorsicht: Extrem ätzend!) mit dem Wasser mischen. Fertig!

Kommentar: Die Schriftzüge treten bei Erwärmen des Papiers schwarz hervor.

Leuchttinte

Zutaten: Calciumphosphat – 25 g
Leinöl – 25 g

Zubereitung: Calciumphosphat fein zerstoßen.
Das Puder mit dem Leinöl vermischen. Fertig!

Kommentar: Diese Tinte leuchtet im Dunkeln. Dazu einfach die Schrift vorher der Sonne aussetzen.

Kopiertinte

Diese Tinte eignet sich zum Kopieren von Schriftzügen auf ein zweites Blatt Papier. Im 19. Jahrhundert versuchte man, effektive Lösungen für eine schnellere Ausfertigung identischer Schriftstücke, wie zum Beispiel Protokolle oder Rechnungen zu finden. Das Ergebnis waren die sogenannten „Kopiertinten“. Von mit dieser Tinte beschrieben Papieren kann man auch nach einigen Tagen noch – allerdings spiegelverkehrte – Kopien erstellen, indem man ein angefeuchtetes Papier auf die Schrift drückt.

Zutaten: Geraspeltes Blauholz – 54,5 g
Alaun – 2,55 g
Kandiszucker – 1,05 g
Arabisches Gummi – 2,25 g
Quellwasser – 440 g

Zubereitung: Quellwasser mit Blauholz aufkochen lassen.
Durch ein feines Tuch seihen.
Sofort unter stetem Rühren nacheinander Alaun, Kandiszucker und zuletzt das Arabische Gummi hinzufügen. Fertig!

Kommentar: Selbstverständlich kann man die Tinte auch als gewöhnliche Schreibtinte verwenden.

Mittelalterliche Not-Tinte

Zutaten: Bienenwachskerze oder (besser) Talgkerze
Gummiwasser

Zubereitung: Bienenwachskerze anzünden.
Eine Steingutschale dicht über die Flammen halten.
Warten bis sich an der Schale dicker Ruß gebildet hat.
Abkühlen lassen.
Ruß mit dem Gummiwasser so lange vermischen, bis sich eine verschreibbare Flüssigkeit ergibt. Fertig!

Orientalische Tinten

Diese mittelalterlichen Tinten aus dem Orient sind nicht sehr farbintensiv, haben aber dennoch ein angenehmes Erscheinungsbild.

Gallapfel-Tinte

Zutaten: Galläpfel – 100 g
Quellwasser – 300 g und 200 g

Zubereitung: Galläpfel zerstoßen und in 300 g Quellwasser einlegen.
Drei Tage stehen lassen.
In ein anderes Gefäß umschütten.
Die restlichen 200 g Quellwasser hinzufügen.
Einkochen bis auf etwa die Hälfte.
Ab und zu Schreibversuche unternehmen. Wenn die Buchstaben nicht mehr zerfließen und ihre Konturen glänzen, ist die Tinte fertig.

Sandelholz-Tinte 1

Zutaten: Sandelholz – 6 g
Quellwasser – 240 g
Ungelöschter Kalk – 2 g

Zubereitung: Sandelholzpulver und Quellwasser in ein Gefäß geben.
Durch Kochen die Flüssigkeit auf ca. die Hälfte reduzieren.
Unter ständigem Rühren den ungelöschten Kalk hinzufügen.
Durch ein feines Tuch seihen. Fertig!

Sandelholz-Tinte 2

Zutaten: Gepulvertes Sandelholz – 10 g
Borax – 1 g
Arabisches Gummi – 1 g
Quellwasser – 400 g

Zubereitung: Gepulvertes Sandelholz und Quellwasser in ein Gefäß geben.
Einkochen der Flüssigkeit auf die Hälfte.
Borax unter Rühren hinzufügen.
Durch ein feines Tuch seihen. Unter stetem Rühren das Arabische Gummi hinzufügen. Fertig!

Fixiermittel und Sonstiges

Pergament färben

Pergament lässt sich färben, indem man es mit der glatten Seite auf einem Holzbrett befestigt und mit einer der oben aufgeführten Farben dünn bestreicht. Nach dem Trocknen mit Malerfirnis bestreichen und wiederum trocknen lassen.

Ätzen

Möchte man Verzierungen oder eine Schrift auf eisernen Gegenständen erzeugen, geht man wie folgt vor:

Zubereitung: Man verflüssigt Bienenwachs und bestreicht damit dünn das zu veredelnde Werkstück.
Dann ritzt man mit einem spitzen Stöckchen das Muster oder den Schriftzug durch die Wachsschicht bis aufs Metall.
Dann trägt man eine der oben aufgeführten Ätztinten mittels eines kleinen Pinsels auf. Bitte vorsichtig wegen der Verätzungsgefahr!
1 bis 3 Tage stehen lassen.
Dann die Ätzflüssigkeit und das Wachs entfernen. Fertig!

Kommentar: Es empfiehlt sich, zuerst an einem Probierstück zu experimentieren.

Gummiwasser 1

Zutaten: Arabisches Gummi – 100 g
Quellwasser – 100 g und 200 g

Zubereitung: Zerstoßenes Arabisches Gummi und 100 g Quellwasser zusammengeben.
Danach warten bis sich das Gummi vollständig im Wasser gelöst hat.
Die restlichen 200 g Quellwasser zum Gummisirup hinzufügen.
Filtrieren. Fertig!

Gummiwasser 2

Zutaten: Arabisches Gummi – 20 g
Kirschgummi – 10 g
Honig – 2 bis 3 ml
Weißwein – ca. 30 ml
Quellwasser

Zubereitung: Arabisches Gummi und Kirschgummi zerkleinern.
Über Nacht in ein Gefäß füllen und mit Quellwasser bedecken.
Mit dem Finger verrühren, bis alles schön sämig ist.
Weiteres Quellwasser dazu gießen, bis die Lösung die Konsistenz von Öl angenommen hat.
Den Honig ins Gummiwasser einrühren.
Den Wein hinzufügen.
Durchseihen. Fertig!

Indigolösung

Zutaten: Reiner indischer Indigo – 100 g
Konzentrierte Schwefelsäure (96%) – 400 g
Quellwasser – 1000 g

Zubereitung: Indigo fein zerstoßen und in ein verschließbares Glasgefäß geben.
Vorsichtig die Schwefelsäure dazu gießen.
Glas verschließen und beides zusammen 24 Stunden stehen lassen, bis sich der Indigo ganz in der Schwefelsäure gelöst hat.
Dann gibt man das Quellwasser hinzu. Fertig!

Kommentar: Es ist darauf zu achten, dass ein Behältnis von ausreichender Größe benutzt wird, da der Indigo beim Zusetzen der Schwefelsäure im Glas stark zu schäumen beginnen kann und somit darin aufsteigt.
Mit der hochgiftigen Schwefelsäure dürfen weder die Haut noch die Schleimhäute in Berührung kommen. Bei der Zubereitung dieser Rezeptur ist also Schutzkleidung und doppelte Achtsamkeit angesagt!

Eierschalenkalk

Zutaten: Eierschalen
Essig

Zubereitung: Eierschalen drei Tage lang in Essig legen.
Danach mit destilliertem Wasser reinigen.
Gut trocknen lassen.
Anschließend zu Pulver zerreiben. Fertig!

Lampenschwarz

Zutaten: Rübsaatöl – 500 g
Hanföl – 500 g
Weihrauchharz – 20 g
1 dicker Docht

Zubereitung: Die beiden Öle in einen hohen Tiegel gießen.
Weihrauch zerstoßen und mit dem Docht darin einlegen.
Das Gemisch nun so verbrennen.
Den übrig gebliebenen Ruß (das fertige Lampenschwarz) kratzt man aus und bewahrt ihn in einem geschlossenen Gefäß auf. Fertig!

Federkiel, Faltbrief und Siegellack: Briefe schreiben wie zu Urgroßvaters Zeiten.

Im fortlaufenden 19. Jahrhundert verdrängte die industriell gefertigte Stahlfeder den Gänsekiel als Schreibwerkzeug. Briefe wurden vor dem Versenden nicht mehr kunstvoll gefaltet und mit einem Siegel verschlossen, da der in Massen hergestellte und mit einer Gummierung versehene Briefumschlag diese Techniken überflüssig machte. Nichtsdestotrotz haben das Schreiben mit einem selbst zugeschnittenen Federkiel, ein selbst gefalteter Brief und ein korrekt angebrachter Siegellack-Verschluss ihren ganz besonderen Reiz. So kann man dies ganz einfach selber machen:

Herstellung eines Schreibfederkiels

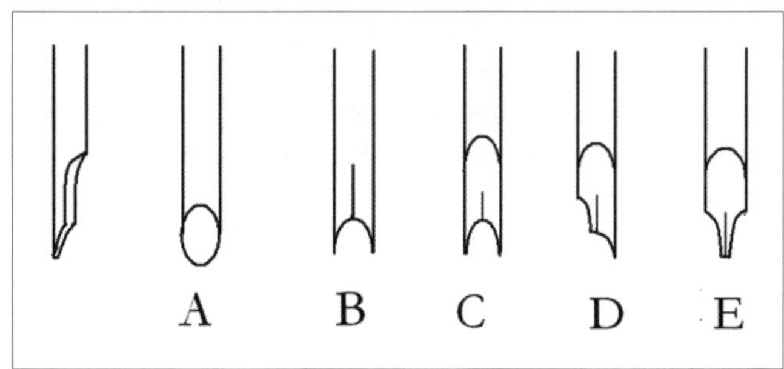

Die Federfasern am Schaft mittels eines scharfen Skalpell- oder Tepichmessers ablösen.
Federkiel kurz vor dem Kielende schräg abschneiden (A).
In die Mitte der Schräge einen Schnitt anbringen (B).
Den Federkiel ab ca. 2 cm Höhe der Länge nach hälftig einschneiden (C).
Nun kommt der schwierigste Teil: Die Ränder schräg zum Schnitt in der Mitte abschneiden. Vorsicht: Schmale Teile des Kiels müssen rechts und links des Schnitts stehen bleiben. Zum Abschluss wird die Schreibspitze unten mit einem Schnitt begradigt. (D).
So sollte die fertige Schreibfeder aussehen (E).

Kommentar: Um die Schreibfeder haltbarer zu machen, kann man sie mit der Spitze in eine (zum Beispiel auf dem Ofen stark erhitzte) Dose mit heißem Sand stecken – durch die Hitze wird die Feder gehärtet.

Der Faltbrief

Zu Anfang legt man sich den im Din-A4 - Querformat und einseitig beschriebenen Brief mit der Schrift nach oben zurecht.

Dann faltet man das Papier mittig (A), klappt es wieder auf und faltet die beiden entstandenen Hälften nochmals mittig (B).

Als nächstes faltet man die beiden oberen Ecken jeweils zur Mitte hin (C).

Danach legt man das entstandene Dreieck nach unten um und faltet das Blatt im unteren Bereich auf ca. 5 cm gerade nach oben (D).

Im Anschluss faltet man die beiden unteren Ecken nach innen und steckt die Spitze des entstandenen Umschlags in die untere Lasche (E).

Damit der Brief auch sicher zuhält und stilgerechter aussieht, kann man nun ein Siegel an den Faltkanten anbringen (F).

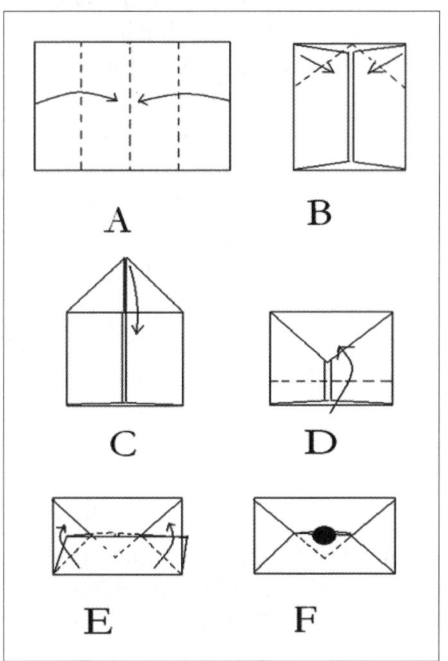

Beim ersten Mal klappt es wahrscheinlich noch nicht. Klagte doch schon der französische Philosoph Michel de Montaigne: „Ich versteh‘ keinen Brief recht zu falzen; ich kann mir keine Feder zu Dank schneiden.“ (aus: *Gedanken und Meinungen über allerley Gegenstände*)

Aber keine Sorge: Mit ein wenig Übung kann man schon bald seine Freunde und Verwandte mit einzigartigen Briefen überraschen.

Klassischer roter Siegellack

Zutaten: Lärchenterpentin (auch: Venezianisches Terpentin) – 65 g
Gebleichter Schellack – 70 g
Terpentinöl – 5,5 g
Gips – 15 g
Zinnober – 35 g

Zubereitung: Lärchenterpentin in ein Gefäß (aus Porzellan, Keramik usw.) geben und im Wasserbad erwärmen.
Den gebleichten Schellack hinzugeben und bis zur Dünnflüssigkeit umrühren.
Dann das Terpentinöl langsam hinzufügen.
Unter stetem Rühren den Gips und den Farbstoff beimischen.
In eine Form gießen. Man nimmt dafür am besten eine geölte Blech- oder Messingform*. Fertig!

Kommentar: Den Siegellack kann man erst aus der Form lösen, wenn er vollständig erkaltet ist.

Blauer oder grüner Siegellack

Diese farblichen Varianten erhält man, wenn man den Zinnober (s. o.) durch Ultramarinblau bzw. Chromgrün (in jeweils derselben Menge) ersetzt.

Hochfeiner roter Siegellack

Zutaten: Lärchenterpentin – 40 g
Gebleichter Schellack – 76 g
Terpentinöl – 4 g
Magnesiumcarbonat – 20 g
Zinnober – 50 g
Karmin – 1 g

Zubereitung: Die Zubereitung erfolgt wie im vorherigen Rezept und in Reihenfolge der Zutatenliste.

---

* Ideal wäre Messing. Dünnes Blech bekommt man in jedem Baumarkt, die Form kann man sich mit etwas handwerklichem Geschick recht einfach zurechtbiegen.

Schwarzer Siegellack

Zutaten: Ungebleichter Schellack – 75 g
Terpentin – 135 g
Fichtenharz – 97,5 g
Kreide – 60 g
Kienruß–18g (Kienruß ist die hiesige Variante der chinesischen oder japanischen Tusche, welche natürlich bedenkenlos ebenfalls für dieses Rezept benutzt werden kann).

Zubereitung: Die Zubereitung erfolgt wie im ersten Siegellackrezept und in Reihenfolge der Zutatenliste.

Brauner Siegellack

Zutaten: Schellack – 140 g
Terpentin – 120 g
Fichtenharz – 80 g
Gips – 40 g
Kreide – 40 g
Umbra – 40 g

Kommentar: In diesem Rezept kann auch ungebleichter Schellack verwendet werden, er sollte aber nicht zu dunkel sein, damit der Farbton nicht ins Schwarze übergeht. Ansonsten erfolgt die Herstellung wie gehabt.

Anbringen eines Siegels auf einem Schriftstück

Ein Siegel bringt man an, indem man den Siegellack unter direkter Flamme zum Schmelzen und Abtropfen auf das Papier bringt. Dies hat aber den Nachteil, dass das Siegel durch den frei tropfenden Lack nur ungenau angebracht werden kann und der Lack mit Rußschlieren durchsetzt ist. Die zweite Möglichkeit, die ich empfehlen würde, ist zwar etwas aufwendiger, das Ergebnis jedoch schöner: Man bricht von der Stange die benötigte Menge ab, schmilzt diese über der Kerze in einem Teelichtblech und gießt den flüssigen Lack dann auf das zu besiegelnde Schriftstück.
Als Siegelstempel eignen sich, sofern man kein „richtiges“ Siegel hat, auch Münzen oder Schmuckstücke.
Setzt man den Siegelstempel zu früh auf, kann es geschehen, dass der Stempel den Lack beim Abheben zerreißt oder Lackstücke mit vom Papier löst. Es empfiehlt sich daher zu warten, bis der Lack wieder zu erhärten beginnt, bevor man dann kräftig den Siegelstempel eindrückt. Der Stempel

sollte kalt sein, so dass der Lack mit der Eindrückung des Siegels sofort erstarrt. Dann nämlich kann der Siegelstempel auch ohne Schwierigkeiten wieder vom aufgebrachten Lack abgehoben werden.

Gewichtsangaben in alten Tintenrezepten

Sucht man nach historischen Tintenrezepturen, wird man in der Regel mit heute nicht mehr gebräuchlichen Maßeinheiten konfrontiert. Es ist schwer, diese in das metrische System zu übertragen, da es in den einzelnen deutschen Staaten (und auch in Europa bzw. der ganzen Welt) bis weit ins 19. Jahrhundert hinein kein einheitliches Maßsystem gab. Hier sind einige Umrechnungen, die auf die meisten antiken Rezepturen zwischen dem 15. und 19. Jahrhundert anwendbar sind. Sollte man tiefer in die Materie eindringen wollen, empfiehlt sich die Anschaffung eines Buches speziell über alte Maß- und Gewichtseinheiten.

Kgr. Preußen vor 1858

1 Handelspfund = 32 Loth = 128 Quentchen = 467,7111 g
1 Medizinalpfund = 24 Loth = 96 Quentchen = 350,783 g
1 Loth = 4 Quentchen = 14,6 g
1 Quentchen = 60 Gran = 3,65 g
1 Gran = 0,0609 g
1 Quart (Flüssigkeitsmaß) = 1,145 l
1 Pinte = 0,931 l (später einfach mit einem Liter gleichgesetzt)

Kgr. Preußen und andere deutsche Staaten seit 1858

1 Pfund = 16 Unzen = 30 Loth = 10 Quentchen = 10 Cent = 10 Gran (Korn) = 500 g
1 Unze = 31,25 g
1 Loth = 16,66 g
1 Quentchen = 1,66 g
1 Cent = 0,16 g
1 Gran = 0,016 g

Nürnberger Gewicht vor 1858

1 Medizinalpfund = 12 Unzen = 32 Loth = 96 Drachmen = 288 Skrupel = 5760 Gran = 357,854 g
1 Unze = 8 Drachmen = 29,82 g
1 Loth = 3 Drachmen = 11,18 g
1 Drachme = 3 Skrupel = 3,73 g
1 Skrupel = 20 Gran = 1,24 g
1 Gran = 0,062 g
1 Maß = 1,078 l

In der Regel beziehen sich die alten Rezepte auf Medizinalpfund-Gewichte.

Ein Beispielrezept zum Selbst-Ausrechnen findet sich hier:

Eisengallus-Tinte (19. Jahrhundert).

Man nehme gestoßene Galläpfel, Kampechenholz von jedem 1 Unze, 1 Pfund Essig, 1 Pfund Regenwasser, koche dies und setze dann hinzu 1 Loth Katechu. Gieße die auf 1 Pfund eingekochte Flüssigkeit durch ein feines Tuch. Dann setze man hinzu 2½ Unzen Eisenvitriol, 1½ Loth Alaun, danach setze man noch 4 Unzen Regenwasser, 1 ½ Loth Indigocarmin zu und löse diesen auf, dann fügt man noch 1½ Loth arabisches Gummi und 1½ Unzen weißen Zucker hinzu. Löse dieses auch in der kleineren Flüssigkeit und setze diese der ersteren hinzu. Dann seiht man wiederum durch.

Die Inhaltsstoffe der Tinten

(in alphabetischer Reihenfolge)

Nachfolgend sind die in dem Buch verwendeten Rohstoffe aufgeführt. Die kurze Erläuterung dient zu ihrem besseren Verständnis. Viele der hier angeführten Inhaltsstoffe können bei Hautkontakt oder Verschlucken Verätzungen oder Vergiftungen auslösen. Mehr dazu im Kapitel „Gefahrenhinweise".

Ätzkali (Kaliumhydroxid): Wird durch die Erhitzung einer Pottaschelösung mit gelöschtem Kalk gewonnen.
Vorsicht: *Giftig und ätzend!*

Ammoniak: Flüssiges Gas mit einem sehr strengen Geruch. Nicht in direkten Hautkontakt bringen. Giftig!

Alaun (Kalialaun): Ein Doppelsalz aus schwefelsaurem Aluminium und schwefelsaurem Kalium.

Arabisches Gummi (Gummi Arabicum): Getrocknetes pflanzliches Harz der Akazienbäume. Für die meisten alten Tinten ist es als Fixiermittel unerlässlich.

Attich: Zwergholunder hier heimischer Art.

Auripigment: Gelbglänzendes arsenhaltiges Mineral.
Vorsicht: *Hochgiftig!*

Azurit: Blaues Mineralgestein, als Pigment oft in mittelalterlichen Handschriften verwandt.

Berliner Blau: Chemischer Farbstoff, der erstmals 1704 aus gelbem Blutlaugensalz und Ferrisalzen gewonnen wurde.
Vorsicht: *Giftig!*

Blauholz (Kampecheholz): Holz des in Mittelamerika beheimateten Blauholzbaumes.

Bleigelb (Bleioxid, Bleiglätte): Gelber Farbstoff, der durch Erhitzen des Metalls entsteht.
Vorsicht: *Hochgiftig!*

Bleiweiß: Bleioxid. Traditionell wurde es gewonnen, indem man Blei mit Essig in Tontöpfen verschloss und diese dann einige Wochen im Mist vergrub. Vorsicht: *Hochgiftig!*

Brasilholz (Rotholz, Fernambukholz): Wie der Name schon sagt, an rotem Farbstoff reiches Holz von in Südamerika beheimateten unterschiedlichen Baumarten.

Borax: Salz, das ursprünglich aus Tibet stammt und in natürlicher Form in den dortigen Gewässern vorkommt.

Carmin (Karmin): Roter Farbstoff, gewonnen aus der Cochenilleschildlaus.

Catechou (Katechu): Wird durch Einkochen des Saftes indischer Akazienbäume gewonnen. Es ergibt einen recht sauren braunen Farbstoff.

Chromgrün: Farbstoff, eigentlich Chromoxid. Künstlich erhält man es je nach Bereitung in hell- bis dunkelgrün metallisch glänzenden Kristallen. Vorsicht: *Giftig!*

Eisenvitriol: Wird durch Auflösen von Eisen in Schwefelsäure gewonnen.
Vorsicht: *Giftig und ätzend!*

Essig: Für gewöhnlich aus Wein, in einem langwierigen Herstellungsverfahren erzeugte Säure.

Fichtenharz: Ganz simples Harz von hiesigen Fichten.

Galläpfel: Werden durch die Larven der Gallewespe an Eichenbäumen hervorgerufen. Es handelt sich dabei um ein rundes holzartiges Gebilde, in dem die Larve bis zum Schlüpfen haust.

Gelbbeeren: Unreife getrocknete Beeren des Kreuzdornstrauches.

Gips: Natürliches Mineral, eigentlich in Kristallform, Vorkommen in ganz Mitteleuropa.

Grünspan: Grünes Oxid von Kupfer und Messing. Giftig!

Hanföl: Wird durch Pressen der Samen der Hanfpflanze gewonnen.

Heidelbeeren: Heimischer Strauch mit blauen Früchten.

Holzessig: Destillat aus Holz. Enthält Essigsäure, Azeton, Methylalkohol und noch einige andere Stoffe.
Vorsicht: *Gesundheitsschädlich!*

Indigo: Blauer Farbstoff, der aus der in Indien heimischen Indigotera-Pflanze gewonnen wird.

Indigocarmin (Indigokarmin): Künstlich erzeugter blauer Farbstoff.
Vorsicht: *Giftig!*

Kalk, ungelöschter: Kalziumoxid, wird durch das starke Erhitzen von Kalksteinen gewonnen. Der ungelöschte Kalk, also nicht mit Wasser abgeschreckte Stein, ist sehr porös und wasseranziehend. Vorsicht: *Ätzend!*

Kalziumphosphat (Calciumphosphat): Bei der Verbrennung von Knochen anfallender Rückstand.

Karmin: Siehe **Carmin.**

Kienruß: Die hiesige Variante der, sonst üblichen asiatischen Tusche, wird durch eine besondere Verkohlung von Nadelhölzern gewonnen. Die Teer- und Harzbestandteile werden bei diesem Verkohlungsverfahren vollständig entfernt.

Kirschgummi: Harz von Kirsch- oder allgemein von Obstbäumen

Krapp: Pflanze, die den roten Farbstoff Alizarin enthält.

Kreide: Weicher, abfärbender Kalkstein, in Mitteleuropa beheimatet.

Kupferasche: Gemisch aus Kupfer und Kupferoxid. Giftig!

Kupfervitriol: Wird hergestellt durch das Lösen von Kupfer in heißer Schwefelsäure. Giftig und ätzend!

Lärchenterpentin: Wird gewonnen durch das Anbohren des Kernholzes des Lärchenbaumes.
Vorsicht: *Gesundheitsschädlich!*

Leinöl: Öl aus gepressten Leinsamen.

Mädesüß (Mettwurz): Bekannte heimische Heilpflanze.

Magnesiumcarbonat: Ist ein natürliches Mineral, das in der Natur als Magnesitbrocken vorkommt. Künstlich wird es hergestellt, indem man Magnesiumchlorid zusammen mit einem Gemisch aus Wasser und Harnstoff auf 140 Grad Celsius erhitzt.

Malachit: Grüner Halbedelstein. Als Pigment findet man ihn oft in mittelalterlichen Handschriften.

Malerfirnis: Wird normalerweise aus Leinöl hergestellt und bildet auf der behandelten Oberfläche eine durchsichtige, dünne und elastische Haut.

Mennige: Durch Erhitzen von Bleiweiß gewonnener roter Farbstoff. Vorsicht: *Hochgiftig!*

Oxalsäure: Kommt in der Natur im Sauerklee vor. Gewonnen wird er durch Erhitzen von ameisensaurem Natrium bei hoher Temperatur. Vorsicht: *Sehr giftig!*

Pikrinsäure: Gelber Farbstoff, der aus Phenol und Salpetersäure gewonnen werden kann. Giftig und explosiv (extrem schlagempfindlich)!

Pottasche (Kaliumkarbonat): Wird durch Veraschung von Weinstein hergestellt.

Safran: Bekannte Pflanze, die man als Gewürz oder auch zum Färben verwenden kann, gelber Farbstoff.

Salmiakgeist: Verdünnter Ammoniak. Vorsicht: *Gesundheitsschädlich!*

Salpetersäure: Wird durch die Erhitzung von Salpeter, einem natürlich vorkommenden Salz, das in der Natur durch den Verwesungsprozess pflanzlicher oder tierischer Stoffe entsteht und Schwefelsäure gewonnen. Der sich bildende Dampf wird in einem Kühlungsgerät verflüssigt. Als Ergebnis hat man Salpetersäure. Vorsicht: *Giftig und ätzend!*

Sandelholz: Farbstoffhaltiges Holz von einem Baum aus Indien.

Schellack: Wird durch das gezielte Ansetzen der Lackschildlaus an verschiedene Baumarten wie z. B. dem indischen Gummilackbaum gewonnen. Er ist in gebleichter und ungebleichter Qualität erhältlich.

Schwefelsäure (Vitriolöl): Wurde bereits im Mittelalter durch Erhitzen von Alaun oder Eisenvitriol hergestellt. Vorsicht: *Extrem ätzend und giftig!*

Tannin: Gallusgerbsäure. Sie wurde aus Galläpfeln gewonnen und ist für einige Schreibtinten aus dem 19. Jahrhundert von Bedeutung.

Terpentin: Balsamartige Masse, die durch Einschnitte an den Stämmen von Nadelhölzern gewonnen wird. Gesundheitsschädlich!

Quecksilber: Silberglänzendes, flüssiges Metall. Vorsicht: *Hochgiftig!*

Rübsaatöl: Wird aus den gepressten Samen der Zucker-/Runkelrübe hergestellt.

Terpentinöl: Befindet sich in allen Teilen der Nadelhölzer und wird durch Destillation aus Terpentin gewonnen. Vorsicht: *Gesundheitsschädlich!*

Ultramarin: Azurblau. Blauer Farbstoff, der ursprünglich aus dem Lasurstein (Lapislazuli) gewonnen wurde. Er kann aber auch aus Ton, Schwefel und Soda künstlich hergestellt werden.

Umbra: Durch Verwitterung von Eisenerzen entstandene Erdfarbe, in verschiedenen Farbnuancen (von hellbraun bis fast schwarz) erhältlich.

Venezianisches Terpentin: siehe **Lärchenterpentin**.

Weihrauch: Harz der Weihrauchsträucher aus Afrika und dem Vorderen Orient.

Weinessig: Essig, der aus Wein gewonnen wird.

Weinstein: Entsteht beim Gären des Traubenmostes im Fass und setzt sich dort als Kristall ab.

Wismut: Sprödes, weißes bis rötliches Metall, das als Erz in Granitgestein vorkommt. In der Malerei viel verwendeter Werkstoff.

Zinn: Leicht zu schmelzendes Metall, das, mit anderen Stoffen versetzt, oft in der Buchmalerei Verwendung fand.

Zinnober: Rotes quecksilberhaltiges Gestein. Vorsicht: *Giftig!*

Zinnsalz: Wird durch das Lösen von Zinn in hochprozentiger erwärmter Salzsäure gewonnen. Vorsicht: *Giftig und ätzend!*

Weiterführende Literatur

Die Kunst, alle Arten der besten und neuesten, sowohl schwarzen als buntfarbigen Tinten zu machen. Leipzig, Gräff 1804

Louis Edgar Andés, *Praktisches Handbuch der Tintenfabrikation.* Wien und Leipzig, A. Hartlebens Verlag, 1906

Erhard Brepohl, *Theophilus Presbyter und das mittelalterliche Kunsthandwerk.* Böhlau Verlag, 1999

Patricia Carter, *Schmuckkalligraphie.* Edition Fischer, 1991

Hrsg. S. Corsten, G. Pflug, F. A. Schmidt-Künsenmüller. *Lexikon des gesamten Buchwesens.* Stuttgart 1989

Friedrich Dietrich, *Anweisung zur Oehl-Malerei, zur Fresco und zur Miniaturmalerei.* Verlag der Ernstschen Buchhandlung 1871

Franz Engel, *Schaumburger Studienheft 9. Tabellen alter Münzen, Maße und Gewichte zum Gebrauch für Archivbenutzer.* C. Bösendahl, 1970

Carl Faulmann, *Das Buch der Schrift.* Wien, Druck und Verlag der Kaiserlich - Königlichen Hof- und Staatsdruckerei, 1880 (Neuausgabe unter dem Titel *Schriftzeichen und Alphabete.* Augustus – Verlag Augsburg, 1995)

Julius de Goede, *Die schönsten kalligraphischen Alphabete.* Knaur, 2004

Eric Hebborn, *Kunstfälschers Handbuch.* Dumont Buchverlag 1999

Christine Jakobi, *Buchmalerei – ihre Terminologie in der Kunstgeschichte.* Berlin 1991

Sigmund Lehner, *Die Tinten-Fabrikation.* Wien/Pest/Leipzig, A. Hartlebens Verlag 1876

Meyers Konversations-Lexikon, 3. Auflage, 1874 – 1884. Artikel „Dinte".

Janet Mehigan und Mary Noble, *Kalligraphie und Illumination.* Edition Fischer, 2006

Bruce Robertson, *Intensivkurs Schrift und Kalligraphie.* Augustus – Verlag Augsburg, 1999

Andreas Schenk, *Kalligraphie-Schule.* Könemann, 2002

Helmut Schweppe, *Handbuch der Naturfarbstoffe. Vorkommen, Verwendung, Nachweis.* Nikol Verlag 1993

Wolfgang Trapp, *Kleines Handbuch der Maße, Zahlen, Gewichte und der Zeitrechnung.* Komet, 1998

J. C. Wegener, *Neue Recept-Sammlung zu schwarzen, rothen, grünen und andern Tinten.* Flensburg, J. F. Sauermann, 1830

Bezugsadressen

Kremer Pigmente
Dr. Georg Kremer Farbmühle
Hauptstraße 41-47
D-88317 Aichstetten
Tel. 07565/1011 oder 91120
Internet:
http://www.kremer-pigmente.de/
Dort erhält man beinahe alles, was man zur historischen Tintenbereitung oder künstlerischen Arbeit benötigt, zum Beispiel Chemikalien, Pigmente und Werkzeuge.

Omikron GmbH Naturwaren
Ländelstraße 32
74382 Neckarwestheim
Tel. 07133/17081
Internet:
http://www.omikron-online.de/
Im Online-Shop der Omikron Naturwaren GmbH findet man eine große Auswahl an Farbpigmenten sowie alle Arten von Chemikalien und nützlichen Gerätschaften.

Johannes Gerstäcker Verlag GmbH
Künstlerbedarf
Postfach 1165
53774 Eitorf
Tel. 02243/88995
Internet:
http://www.gerstaecker.de/
Man kann bei diesem Unternehmen auch einen umfangreichen Katalog mit über 1000 Seiten beziehen. Im Sortiment sind Papyrus, Büttenpapier, Pigmente, Blattgold und weiteres Kalligraphie-Zubehör enthalten.

boesner Versandservice GmbH
Gleiwitzer Straße 2
58454 Witten
Telefon: (02302) 9 10 66-13
Telefax (gratis): (0800) 9 10 66-32
E-Mail:
versandservice@boesner.com
Internet: www.boesner.com
Internationaler Online-Versand für professionelle Künstlermaterialien mit einem riesigen Produktangebot aus allen künstlerischen Bereichen und einem inspirierenden Printkatalog.
boesner bietet zudem mit 35 Direktverkaufs-Niederlassungen in Deutschland, Österreich, der Schweiz und Frankreich die Möglichkeit, sich die Materialien vor Ort anzuschauen und sich beraten zu lassen sowie an aktuellen Workshops und Veranstaltungen teilzunehmen.

Akru Keramik GmbH
Ringstrasse 19
56204 Hillscheid
Tel. 02624/2550
Internet:
http://www.akru-keramik.de/
Die Firma Akru-Keramik bietet traditionell hergestellte Tongefäße an, zum Beispiel verkorkbare Tintenfässer und Flaschen.

HG – Design Weinstadt
Inh. Heike Gösele
Zeppelinstr. 6
71384 Weinstadt
Tel. 07151/967655
Internet: http://www.hg-design.de/
Hier kann man alle Arten von (rohen) Federkielen zu günstigen Preisen bekommen.

Buch – Kunst – Papier
Inh. Sascha Boßlet
Untere Kaiserstraße 55
66386 St. Ingbert-Rentrisch
Tel. 06894/9900980
Internet:
http://www.buch-kunst-papier.de/
Eine hervorragende Bezugsquelle für schöne Papiere und Kalligraphiebedarf.

Lederkram e. K.
Inh. Sebastian Riebeling e. K.
Hauptstraße 81
65626 Birlenbach
Tel. 06432/9249610
Internet: http://www.lederkram.de/
Auch hier findet sich unter anderem eine Auswahl von Kalligraphiebedarf.

Eichhorn Siegel
Inh. Manuela Eichhorn
Milower Landstraße 32
14712 Rathenow
Tel. 03385/511077
Internet:
http://www.eichhorn-siegel.de/
Hier erhält man unter anderem fertige Siegellacke, (auf Wunsch gravierte) Siegel und Petschaften.

Weblinks

http://www.suetterlinschrift.de (Hier kann man die Sütterlinschrift erlernen)

http://www.kallipos.de (Neben einem kleinen Shop mit Kalligraphiezubehör finden sich hier auch Tipps und Tricks rund um die Kalligraphie.)

http://www.kalligraphie.de (Hier findet der Kalligraphie-Einsteiger viele gute Tipps.)

http://www.scribella.de (Unter dem Punkt „Service“ finden sich Schritt-für-Schritt-Anleitungen zum Siegeln und zur Herstellung eines Schreibfederkiels)